I0076542

RÉGÉNÉRATION DE LA VIGNE EUR[C

DESTRUCTION SUCCESSIVE

DU

PHYLLOXERA

Anéantissement rapide de tous les insectes Ampélophages
(Pyrale, Altise, Gribouri, Eumolpe)

Disparition de l'Anthracnose ou Charbon.

PROCÉDÉ

Pre SYLVESTRE

PAULHAN ET CLERMONT-L'HÉRAULT (HÉRAULT)

Prix : 75 Centimes.

MONTPELLIER
C. COULET, LIBRAIRE-ÉDITEUR
LIBRAIRE DE LA FACULTÉ DE MÉDECINE, DE L'ÉCOLE D'AGRICUTURE
ET DE L'ACADÉMIE DES SCIENCES ET LETTRES.
Grand'Rue, 5
1879

RÉGÉNÉRATION DE LA VIGNE EUROPÉENNE.

DESTRUCTION SUCCESSIVE

DU

PHYLLOXERA

Anéantissement rapide de tous les insectes Ampélophages
(Pyrale, Altise, Gribouri, Eumolpe)

Disparition de l'Anthracnose ou Charbon.

PROCÉDÉ

Pre SYLVESTRE

PAULHAN ET CLERMONT-L'HÉRAULT (HÉRAULT).

Prix : 75 Centimes.

MONTPELLIER

C. COULET, LIBRAIRE-ÉDITEUR

LIBRAIRE DE LA FACULTÉ DE MÉDECINE, DE L'ÉCOLE D'AGRICUTURE
ET DE L'ACADÉMIE DES SCIENCES ET LETTRES.

Grand'Rue, 5

1879

Montpellier. — Typogr. Boehm et Fils.

DESTRUCTION SUCCESSIVE

DU

PHYLLOXERA

A MONSIEUR DE BEAUX-HOSTES

PROPRIÉTAIRE

Directeur du Journal l'UNION DE L'AUDE, à Carcassonne.

C'est pour vous, Monsieur, pour votre journal, pour ces vaillants vignerons et cultivateurs de l'Aude, pour ces ouvriers du foyer desquels vous voudriez détourner la ruine et la misère, que j'écris plus spécialement cet article.

Votre pays est encore peu ou pas atteint : la contagion peut être évitée, le fléau éloigné, ou tout au moins victorieusement combattu ; il ne faut, pour cela faire, que savoir mettre à profit la rude et pénible expérience qu'ont acquise à leurs dépens les pays déjà ravagés, et, pour y arriver, indiquer à vos lecteurs par quels tâtonnements, quels efforts prodigieux d'attention et de science appliquée, on est arrivé aujourd'hui à se débarrasser de l'empirisme et à circonscrire les moyens curatifs à trois ou quatre systèmes ou procédés.

Et comme caractéristique de cette étude rapide, permettez-moi d'inscrire, avant toutes choses, cette page de critique réaliste et houmouristique empruntée à Proudhon.

« Rien ne se fait de rien et par rien. La science de l'agriculture, sur laquelle on a tant écrit de nos jours, se réduit, en dernière analyse, à deux préceptes :

» Rendre chaque année au sol, en quantité et proportions égales, les éléments qu'il a perdus par la récolte de l'année précédente ;

» Faciliter, par les façons données à la terre et aux plantes, l'absorption végétale de ses éléments.

» D'où vient la richesse des forêts vierges, tant admirées des faiseurs de descriptions romantiques? De ce que, depuis l'origine du globe, la terre qui les porte n'a pas perdu un atome de ses principes, et qu'en outre elle s'est continuellement enrichie de ceux que le soleil, la pluie et la végétation lui fournissent.

» Dans notre système d'exploitation demi civilisée, c'est juste le contraire qui a lieu.

» Rien de ce que produit la terre n'y retourne ; tout est enlevé, transporté au sein des villes, pour une consommation qui, au point de vue de l'agriculture, peut être considérée à bon droit comme non reproductive.

» L'absentéisme, si funeste aux populations, altère la constitution du sol lui-même, l'épuise, la dénude.

» Que peuvent, contre cette exhaustion énergique, les combinaisons de l'assolement et la chimie des engrais ?

» Retarder de quelques années une ruine inévitable, comme les inventions de la cuisine retardent la consomption du débauché.

» C'est à cet appauvrissement du sol qu'il nous paraît rationnel d'attribuer le retour périodique des mauvaises récoltes, la maladie des végétaux, et peut-être les épidémies venues à la suite. Quand la nature perd l'équilibre, elle entraîne les populations. »

Vous avez bien voulu offrir à un simple propriétaire, sans notoriété et sans science, l'hospitalité de votre journal ; puisse cette hospitalité amener en vos terres ce que, dans les temps anciens, la venue du pauvre à la table du riche apportait de félicités et de bonheurs dans la maison !

J'y ferai effort, Monsieur, et serai largement récompensé si le succès répond à vos encouragements.

J'aborde mon dessein.

PHYLLOXERA CAUSE, PHYLLOXERA EFFET.

Dès le début de la maladie, de très-bons esprits se sont divisés sur la question de savoir si le Phylloxera était *une cause ou un effet,* si le dépérissement advenait à suite d'une dégénérescence particulière à la vigne amenée par l'épuisement du sol, si au contraire le mal était produit par la présence d'un insecte jusqu'alors inconnu dans nos pays.

Les savants travaux des Planchon, des Lichtenstein, des Balbiani, firent bientôt cesser les incertitudes, et il *parut acquis* que la maladie *était le résultat* de la piqûre d'un insecte qu'on reconnut être le Phylloxera.

D'où venait cet insecte ? La réponse se fit quelque peu attendre ; mais l'étude géographique, si je puis ainsi dire, des ravages produits, la détermination certaine de trois foyers bien distincts, quoique très-distants les uns des autres (le Bordelais, le Vaucluse, les Charentes), ne laissèrent plus de doute, et le Phylloxera fut reconnu nous venir d'Amérique.

Existe-til une cause primaire expliquant la vie normale ou anormale de l'insecte sur les vignes américaines? Toutes les suppositions sont possibles, et leur examen nous mènerait trop loin.

Nous n'avons à noter ici, sauf à en donner plus loin les motifs, que la *préférence marquée* de l'insecte américain *pour les cépages européens,* et il est vraiment pitoyable de voir sérieusement, et par des hommes qui se disent sérieux, porter à l'actif de la prétendue résistance des plants américains, *la mort rapide des plants indigènes dits témoins.*

Le Phylloxera est donc l'auteur et la cause primaire, *suivant les uns,* consécutive et secondaire, *suivant les autres,* de tout le mal dont nous souffrons; il est certain et démontré qu'il est exotique et qu'il nous a été importé avec les plants américains. Par quelle singulière préoccupation, par quelle exagération d'amour-propre d'auteur, par quel oubli des lois de l'analogie et de l'induction, des hommes recommandables à tous égards sont-ils venus, et, à leur suite, une nuée d'industriels sont-ils arrivés à soutenir que : *le salut de la viticulture française* était précisément dans *l'importation,* la *plantation* et la *propagation* de ces cépages infectés ! *La similitude des effets* dénote *la similitude des causes,* et *c'est vainement qu'en généralisant la cause on espère atténuer les effets !*

PROCEDÉS DIVERS.

Plants Américains, Semis, Insecticides, Sables. Submersion.

Nous ne pouvons donc pas être partisan des plants américains : nous estimons que leur propagation est crime de lèse-nation ; et si la France a signé la convention de Genève, son gouvernement est tenu de faire exécuter rigoureusement les prescriptions du Congrès international anti-phylloxérique.

Examinons du reste ce qu'on peut dire *pour ou contre* les plants américains, *pour ou contre* les divers systèmes préconisés pour la conservation de la vigne française, en dehors du remplacement d'icelle par les plants exotiques.

C'est avec une entière bonne foi et sans aucune pensée d'hostilité ou de dénigrement quelconque que j'engagerai mon entreprise; ce n'est pas une question de personnes, c'est une question de situation : les faits commandent, la misère s'aggrave, elle devient universelle; le nombre des propriétaires ruinés grossit d'heure à heure; de ceux-là je suis : j'ai donc le droit de parler, et c'est en toute vérité, sincérité et indépendance que j'exposerai à vos lecteurs mes doutes, et ils sont grands, ils sont absolus, sur la possibilité de reconstitution de nos vignobles par les plants américains.

PLANTS AMÉRICAINS.

Dès qu'il fut bien établi que le Phylloxera était d'origine et d'importation américaines, un homme dévoué, un savant, et je ne crois pas le blesser en disant qu'à tous ses titres et mérites il manquait celui d'être agriculteur,

M. Planchon, pour le nommer, se demanda ce que pouvait bien devenir la vigne on Amérique, en présence de *son parasite*; un voyage fut résolu, et dans ses pérégrinations, trop hâtives peut-être, le savant montpelliérain constata que la vigne américaine, *quoique* couverte de Phylloxera et *sur ses feuilles et sur ses racines*, ne tournait pas si vite à mal que la vigne française. M. Planchon a oublié de nous dire si ses investigations s'adressèrent aux *vignes sauvages ou aux vignes cultivées* : on sait en effet que la vigne est si peu en honneur et prospérité aux États-Unis, que dans un pays trois fois grand comme notre Europe, la production extrême ne dépasse pas *trois cent mille hectolitres*, c'est-à-dire un peu moins que le dixième de ce que produit l'arrondissement de Béziers.

M. Planchon a, depuis ses premières publications, réparé cet oubli, et, avec sa loyauté habituelle, il avoue que les *vignobles créés aux États-Unis avec des plants indigènes* sont *si cruellement maltraités par le Phylloxera*, que *l'étendue qui leur était primitivement consacrée diminue chaque jour*.

De cet aveu si loyal ne peut-on pas, à défaut de M. Planchon, toujours affolé par sa découverte, déduire la conséquence rigoureuse que le Phylloxera est une cause non primaire, mais consécutive et secondaire, d'un état pathologique qu'explique tout naturellement la différence d'état advenue par la culture, la taille, le fumier, entre la *vigne sauvage* et la *vigne cultivée* ?

Que penser alors de la résistance des plants américains, soit comme *producteurs* directs, soit comme *porte-greffes* ?

Nous retrouverons tout à l'heure cette variété ou ce

sous-genre dans l'exploitation commerciale des buchettes américaines.

Sauvage ou cultivée (on n'y regardait pas de si près à cette époque, je parle lors du premier voyage de M. Planchon au-delà des mers), la vigne américaine paraissait faire ménage passable *avec son parasite* ; la conclusion était simple, et à l'honneur de croire pouvoir sauver son pays de la ruine et de la misère, s'ajoutait la satisfaction du savant voyant l'expérience confirmer ses prévisions, d'aucuns disent illusions !

La grande nouvelle se répandit, et de nombreuses importations arrivèrent en Europe; on planta. La liste des mécomptes serait trop longue à dresser : les plants *dits résistants* succombèrent; toute la famille des *Labrusca* se trouva sans défense contre l'insecte ; on essaya des *Æstivalis*, plus tard des *Cordifolia*, à ce point qu'aucun *réduit* des vastes forêts américaines ne resta inexploré, et l'on vit alors s'allonger indéfiniment la liste des noms bizarres qui successivement viennent remplacer les défaillants et les morts; il aurait fallu se rendre à l'évidence, ce n'est pas toujours chose facile chez les savants, alors surtout qu'une résistance qu'on ne peut s'empêcher de *reconnaître relative*, venait par intervalles confirmer les illusions, les promesses, les espérances, des propagateurs de la vigne nouvelle.

Dès cette époque et contre un engouement qui menaçait de se généraliser, je me demandai, timidement d'abord, plus tard dans la presse et dans quelques réunions d'agriculteurs, si, de très-bonne foi et avec une science et un zèle malheureusement dévoyés, les propagateurs des plants américains, car le talent et le charme de parole de M. Planchon avaient fait vite des adeptes, si, dis-je, los fervents adorateurs du culte nouveau s'étaient bien demandé le *Pourquoi* ? de la résistance relative et malheureusement momentanée de leurs plants de prédilection.

S'ils s'étaient bien enquis du *Pourquoi* l'Amérique, dont les terrains sont si variés et si propices à la vigne, *importe* à grands frais nos vins d'Europe au lieu de nous envoyer les siens ?

Du *Pourquoi* la vigne américaine produisait des fruits si petits, si durs, si ligneux, à un goût si étrange ?

Du *Pourquoi* le Phylloxera, presque exclusivement *gallicole* en Amérique, était tout d'un coup, et sous l'effet de la transplantation, devenue presque exclusivement radicicole en Europe ?

Si, cette constatation faite, les Planchonnistes (deux *n* comme contagionniste) avaient bien le droit d'invoquer à l'appui de la résistance de leurs plants, la mort presque subite des plants français, plantés à leur côté en regard, et comme témoins; *si, au contraire*, la désertion des feuilles et racines américaines et l'invasion rapide des racines françaises par le Phylloxera, ne devaient pas commander toute circonspection dans la propagation des plants américains, même en pays contaminé, à plus forte raison dans des vignobles encore indemnes, et je tirais, en agriculteur ou praticien, cetteconséquence que *la résistance prétendue des plants américains* ne provient *que de l'état d'inculture dans lequel est laissée la vigne américaine, de sa liberté comme expansion ligneuse, qu'aucune taille ne vient arrêter pour la forcer à fruit, en refoulant la sève et élargissant la cellule de l'odeur* sui-generis *qu'ex-*

halent les racines sauvages, des exsudats particuliers qu'elles distillent, de l'état ou de la richesse native et indéflorée des milieux dans lesquels elle prospère avec et malgré, je ne dirai *pas son parasite,* le mot n'est en aucune façon exact, mais *son ennemi.*

Et je comparais la résistance trompeuse du pied américain à celle du poirier sauvage mis en regard de celui sorti de la pépinière.

Je me trompais si peu, qu'après vingt espèces recommandées, préconisées, comme infailliblement et indéfiniment résistantes, les docteurs de Montpellier s'adressent aujourd'hui, non pas au *Cordifolia* civilisé, je ne dis pas cultivé, nous savons qu'on cultive peu la vigne en Amérique, mais aux Cordifolia sauvages, aux Riparia, aux Solonis, aux extrêmes, rustiques, sauvages, et tout à fait primitifs représentants des Labrusca et des Æstivalis, aux Yorck-Madeira, aux Jacquez, plants du reste qui se doivent bien cacher dans les forêts lointaines, puisqu'on a grand'peine à les trouver aujourd'hui, *en Amérique du moins.*

Ces vérités si simples, si naturelles, si logiques, n'ont pas échappé à M. Foex, de l'École d'Agriculture, ni à d'autres savants, MM. Boutin et Ulysse Coste; mais l'explication était trop peu scientifique, elle sentait trop son terroir et la main calleuse qui essayait de les mettre à jour; elles détruisaient trop vite aussi, au gré de certains, la croyance, ou mieux la confiance en la résistance indéfinie de certains cépages.

Au lieu de dire : « Les cépages américains ne résistent que *parce qu'ils sont à l'état sauvage, incultivés, non taillés, non forcés à fruit ; que parce que leurs cellules sont*

*étroites, denses, serrées et ligneuses, que le milieu dans
lequel ils se développent n'a pas été artificiellement et illogi-
quement modifié ;* ils ne *conserveront quelque temps cette
résistance que parce qu'une constitution chimique ou anatomique ne se modifie pas dans six mois ou dans un an ,*
les savants professeurs dont je parle ont intuitivement,
comme malgré eux, en dépit de l'objectif scientifique
(l'appellation et la dénomination de M. Planchon) qui les
affole, expliqué la résistance par l'analyse savante des
racines, par la constatation d'exsudations étranges ; ils ont
analysé, défini, caractérisé chimiquement et anatomique-
ment les causes secondaires ou symptomatiques, au lieu
d'en indiquer simplement l'origine, l'existence et le
pourquoi.

Et cependant ce *simple pourquoi* ou ce *logique parce que*
étaient si naturels et si vrais qu'un praticien de mérite,
M. Vialla, président de la Société d'Agriculture de Montpellier, partisan absolu de la vigne américaine, a été forcé
d'avouer *qu'en France,* nous savons qu'en Amérique les
plants américains ne se *soutiennent pas en grande culture ;
qu'en France,* les plants exotiques ne *se soutiennent,* ce qui
ne veut pas dire *prospèrent,* que *dans certains terrains*
qu'il a désignés sous le nom de *silico-ferrugineux.* Con-
naissez-vous d'astringents plus énergiques, de lignifiants
et de densifiants plus actifs que la silice et le fer; la concordance entre l'état ligneux des racines et les terrains
dont s'agit peut-elle être plus frappante, plus naturelle et
plus logique ?

La sélection est à l'ordre du jour; ne serait-il pas juste
de tenir compte aussi de l'alimentation et de ses effets ?

Si donc les plants américains ne sont jamais indemnes

du Phylloxera; si, résistant momentanément, et pour les causes que j'ai indiquées, causes dont les savants n'ont fait qu'analyser et définir les effets, ils sont partiellement abandonnés par le Phylloxera, qui se porte de préférence sur les racines plus laiteuses, plus tendres, plus douces, plus amylacées des plants français, *n'insistez pas* sur leur propagation : vous seriez, ou des phylloxériculteurs, ou des savants aveuglés.

Car, ne vous y trompez pas, et M. Marès n'a dit, à votre Congrès de Montpellier, que ce qu'il voulait dire, en dépit de la confusion que ses adversaires voulaient établir contre lui.

L'infection *phylloxérique est spécifique* au plant américain, son développement est spontané, ce qui ne veut pas dire que le savant défenseur des insecticides admette plus que nous l'hétérogénie.

Ne préconisez donc plus les plants américains, et à notre tour, restant dans notre simple rôle d'agriculteur vigilant et attentif, vous laissant le beau rôle des découvertes et des affirmations scientifiques, reconnaissant de vos travaux et de vos études, nous oublierons que vous avez contaminé et infecté le pays, pour ne nous souvenir que de la bonne foi qui vous a fait agir, estimant que rien n'est encore perdu, puisque de l'étude du mal lui-même vous avez fait venir et luire la régénération. Mais n'insistez plus, ou nous vous rappellerons l'humouristique boutade d'un illustre académicien, parlant de vous et de vos plants :

« *Avec les plants américains, on commence par être dupes et on finit par devenir vendeurs* ».

Plants américains porte-greffes.

Surtout, pas de subterfuges ou de faux-fuyants. Désabusés vous-mêmes sur la possibilité de reconstituer le vignoble européen par la plantation directe du plant américain, ne venez pas nous *parler de greffes, pied résistant, tête française !* Sans doute je ne crains pas, comme certains épouvantés l'ont prétendu, que dans peu de temps la racine américaine communiquera au fruit sa saveur et son goût foxé : le danger n'est pas là; mais, outre que votre racine américaine ne résistera *pas trois ans de suite en grande culture*, vous savez, à n'en pas douter, que sur un pied américain, même de trois ans, la greffe française s'affranchit très-vite ; que les beaux aramons montrés avec tant d'orgueil pendant vos promenades lors du Congrès de Montpellier, ne devaient leur splendide fructification et leur luxuriante végétation qu'aux racines françaises *depuis et déjà à l'heure qu'il est* à moitié rongées par le Phylloxera ; ET VOUS N'AFFIRMERIEZ PAS que ces vignes si belles et qui ont un moment fait illusion aux amateurs naïfs, vivront dans deux ans d'aujourd'hui !

Ne parlez donc plus de reconstitution *par la greffe ;* l'illusion ne vous est plus possible à l'heure qu'il est, ou vous vous abusez étrangement ; vous l'avez si bien pressenti qu'à votre insu peut-être, et par une dérision du sort que les mots eux-mêmes appellent fatalement, afin d'atteindre tous les maléfices, vous avez, pour réussir dans vos exhibitions, inventé un nouveau mode de greffage que vous appelez *greffe anglaise,* comme pour vous ressouvenir qu'en *cette matière : times is money.*

SEMIS.

Le système de régénération par semis, outre que ce système se rattache à l'idée de Phylloxera effet, n'a pu survivre à la plus élémentaire réflexion. « On ne peut donner que ce qu'on a. » D'une mère malade ou chétive, vous tirerez difficilement des enfants robustes et sains.

Or, qui peut prétendre sérieusement aujourd'hui que toutes nos vignes ne sont pas malades ?

Les insuccès, du reste, sont aussi nombreux que les essais; on n'a, pour s'en convaincre, qu'à consulter la longue liste dressée par M. Laliman, qui appelle avec raison ce procédé irrationnel, incomplet, une nouvelle hérésie viticole.

INSECTICIDES.

Vos théories et vos affirmations, me dira-t-on, sont désolantes : le Phylloxera est aujourd'hui répandu dans tous nos vignobles, le plant américain ne résiste que momentanément ; nous faut-il donc abandonner la culture de la vigne ? NON ! répondent ceux qui n'ont pas désespéré, et ils sont nombreux : il y a les *insecticides aidés de procédés de culture intelligents, normaux, rationnels, et d'engrais régénérateurs* ; à la condition toutefois, car il faut savoir tout avouer, de ne demander à *l'insecticide que ce qu'il peut donner, que ce que son nom indique* ; à la condition encore de ne pas manquer de franchise, de ne pas leurrer le propriétaire, et, sous le prétexte de médicamenter meilleur marché que les autres, *d'éterniser* les traitements ; à la condition, en un mot, d'arriver, *tout en faisant disparaître l'insecte à rendre les racines et radicelles à ce point réfractaires* que la vigne reconstituée et régénérée puisse, comme le soldat blessé et remis sur pied, braver et les infections purulentes et la pourriture d'hôpital, pour ne pas dire de charnier, car vos cépages exotiques ont fait de nos vignobles d'immenses champs de morts.

Nous allons revenir un peu plus loin sur ce traitement.

SUBMERSION.

Il y a encore, pour ceux qui ne peuvent pas vouloir des plants américains, le procédé Faucon, la submersion, procédé malheureusement trop restreint dans la pratique, mais qui, à notre sens du moins, confirme la possibilité de la conservation des plants français, puisqu'il n'em‑prunte tous ses éléments d'action et de succès qu'à ce que nous savons de positif et d'exact sur la résistance à communiquer à nos vignes européennes pour les débar‑rasser du Phylloxera. Je m'explique.

Au fait réel et indiscutable de préservation que pré‑sente ce procédé, M. Faucon ne saurait m'en vouloir si j'essaie de donner une explication, une théorie.

L'intelligent propriétaire de Graveson attribue la dis‑parition de l'insecte à l'asphyxie amenée à suite de l'ad‑duction d'une nappe d'eau de 0,20 à 0,25 de hauteur, sur ses vignes, pendant quarante ou quarante-cinq jours ; il a négligé de nous dire, et il n'avait pas à y songer, que les eaux par lui employées sont généralement *limoneuses* et *sédimenteuses* ; il peut croire, d'un autre côté, que la vie du petit monstre ne peut tenir *contre une submersion ainsi prolongée*.

Et cependant j'ai vu dans l'Hérault des submersions faites avec beaucoup de soin et d'attention, mais avec de *l'eau claire et limpide*, ne pas donner de résultats, et la vigne continuer à dépérir.

J'ai tenu moi-même des racines phylloxérées dans des tubes pendant soixante et dix jours, et, à ma grande surprise, j'ai vu, après un moment d'exposition graduée au soleil, les Phylloxeras, beaucoup d'entre eux du moins, aussi alertes qu'avant l'immersion.

Je crois devoir le dire sans que le mérite et l'honneur de la découverte de M. Faucon soient en rien diminués, ce n'est pas à l'*asphyxie* qu'il faut attribuer la cause de la disparition trois fois heureuse de l'insecte, c'est, toujours d'après moi, à une espèce de *fossilisation des racines, à la densité*, à la dureté qu'acquièrent toutes les fibres du végétal; *au même résultat*, en un mot, qu'obtiennent les charrons, menuisiers et autres ouvriers du bois, en tout pays, immergeant leurs billes de chêne, de noyer ou autres essences, pour les *dégommer* et obtenir un bois plus uni, plus résistant, et presque incorruptible.

C'est à une *sédimentation des racines* se revêtant d'une couche, d'une gangue siliceuse ou calcaire, visible ou invisible, mais de certitude tangiblement obturante pour l'insecte; alimentant peut-être, grâce à sa ténuité même, les racines et radicelles, qui, on ne l'ignore pas, savent s'assimiler les éléments voulus sans qu'il soit besoin souvent d'une dilution préalable.

Le Phylloxera meurt, non *d'asphyxie*, mais d'inanition, car s'il est *xylophage*, c'est-à-dire mangeur de bois, il n'est certainement pas *géophage*, c'est-à-dire mangeur de terre; il meurt surtout et encore parce que l'eau, constamment absorbée par les racines, s'exsude et s'exhale continuellement par les pores de ces mêmes ra-

2

cines et ne laisse aucun suc, aucune saveur, aucun aliment susceptible de nourrir le *parasite* ; il meurt de faim à ce point que, dès que l'eau a disparu, dès qu'à la place d'une exhalation continuelle de vapeurs aqueuses, les racines condensent les sucs, les sels des engrais organiques ou minéraux mis à leur disposition, l'insecte reparaît et pullule.

Il meurt encore, ou du moins sa terrible piqûre reste inoffensive, parce que l'eau fait disparaître *toute l'action septique du virus phylloxérique* et empêche la production cryptogamique, la propagation des mycéliums, à l'apparition et à la diffusion desquels M. Millardet attribue la nécrose et la mort des radicelles.

Les vignes traitées par la submersion prospèrent ou tout au moins se soutiennent. Pendant combien de temps ce régime aquatique, si contraire à la vigne, maintiendra-t-il la végétation ? L'expérience seule peut prononcer, et, dans l'état, le seul reproche à faire à ce procédé incontestablement supérieur à tout ce qui s'est fait jusqu'à ce jour, c'est de ne pas être généralement praticable, *c'est d'exiger chaque année* le renouvellement des mêmes opérations, *et l'emploi dispendieux d'une masse d'engrais* dont la nature, trop souvent, loin de concourir à la destruction de l'insecte, en soutient et augmente la propagation.

Procédé Jules MAISTRE, de Villeneuvette.

Un autre système très-voisin du précédent, mais qui a donné et continue à donner des résultats au moins aussi concluants que ceux attribués au système de M. Faucon, est encore à noter et mettre en première ligne; nous voulons parler du procédé Jules Maistre, opiniâtrément continué, malgré les critiques déguisées souvent, mais en dernier lieu obligées de s'incliner devant les faits accomplis.

« M. Maistre, qui comme tant d'autres n'a pas à sa disposition la quantité d'eau nécessaire à une submersion prolongée, a imaginé *d'irriguer* ses vignes tous les quinze jours; mais au lieu de faire passer l'eau en surface et au pied des vignes, ce qui amène trop souvent la lixiviation inutile et sans profits des terrains parcourus et un croûtement fâcheux, l'ingénieux et infatigable chercheur fait pratiquer, *entre quatre souches, une cuvette profonde de 0,60 de large ou de long, sur 0,30 à 40 de profondeur : l'eau arrive successivement du petit bassin supérieur dans le bassin inférieur; tous les fumiers, tous les engrais, tous les sels, dilués et charriés, se concentrent dans cette fosse, et c'est merveille de voir comment les racines et radicelles déjà atteintes se recomposent et se reconstituent.* Pour éviter l'évaporation, M. Maistre a le soin de faire combler chaque cuvette de brindilles et frondaisons empruntées à ses garrigues; l'obturateur, lié en fagot, produit enfin, par sa décomposition même, un humus fort riche qui va augmenter la somme des *engrais et sels pulvérulents entraînés par les eaux.*

Si à cette première cause d'enrichissement *approprié* fourni aux ceps, à l'état *assimilable ou défensif,* vous ajoutez la masse considérable d'engrais divers que M. Maistre ne ménage pas à ses vignes, vous trouverez tout le secret de la belle végétation et de la fructification abondante que ce propriétaire à grandes initiatives a su conserver et entretenir au milieu d'un territoire aujourd'hui complétement privé de vignes. Nous avons le ferme espoir d'amener ce généreux protecteur de tout progrès à partager nos vues, et, dès qu'il lui aura plu d'utiliser dans ses bassins (l'engrais insecticide régénérateur qui est le nôtre), nous lui prédisons une régénération, une reconstitution certaine, indéfinie, d'un vignoble déjà aux trois quarts préservé.

Le système de M. Maistre, à part peut-être l'exagération systématique de l'irrigation, qui, de bi-mensuelle, d'hebdomadaire même parfois, pourrait être réduite à des arrosements mensuels et moins encore, a d'autant plus le droit de compter sur le succès, qu'en agriculteur vigilant et réfléchi, son inventeur met à profit les déblais des cuvettes pour chausser ses vignes; de cette façon et pendant qu'il médicamente et guérit les racines profondes par leur renouvellement et leur revivification au bas des cuvettes, il provoque autour du pied de la souche la naissance de chevelus et radicelles adventices qui soutiennent, entre temps, la vigne, assurent sa fructification et lui permettent de payer à son maître les frais faits pour la remise en santé.

SABLES.

Les sables ou terrains de sable sont encore, sinon un procédé, du moins un moyen, d'une durée provisoire peut-être, mais qui peut se prolonger pour la conservation et la propagation de notre vigne européenne.

C'est à un phénomène presque semblable à celui qui se produit dans la submersion que les *sables* doivent la *préservation qu'ils procurent à la vigne. En effet, la pulvérulence, l'exiguïté des molécules* de ce singulier terrain,

permettent à la vigne de *s'en revêtir et de former obstacle
à la voracité de l'insecte, sans compter, ou mieux en tenant le plus grand compte de la composition chimique du
milieu dans lequel la silice, l'alumine, le sodium et autres
principes ou sels astringents et antiseptiques doivent
dominer.*

Ce sont ces résultats presques certains, visibles, mais
encore inexpliqués, qui nous ont amené à vous proposer
notre insecticide régénérateur et reconstituant, et à essayer
de vous faire partager notre confiance.

L'étude des causes de résistance, et je n'ai pas à le
dissimuler, je l'ai dit plus haut, c'est aux propagateurs
eux-mêmes des plants américains que nous devons, sinon
la constatation de ces causes, du moins l'explication scientifique de leurs effets. L'étude de ces causes, dis-je, nous
ramène à des effets semblables, si différents que parais-
sent les procédés employés; et s'il est vrai que les végétaux
*ont une médecine susceptible d'études et de vues tout à fait
analogues à celles qui dirigent* la médecine *des êtres animés*, revenons vite à *la nature, à l'observation exacte et
intelligente des faits, à leur coordonnement, à leur syn-
thèse doctrinale*, et vous reconnaîtrez vite que ce n'est
pas pour le vain plaisir de l'antithèse, pour la sotte vanité
d'une singularisation systématique, que je viens, à mon
tour et le dernier, vous faire connaître le procédé qui
m'appartient et que je crois, sinon le meilleur, du moins
un de ceux qui doivent sérieusement et immédiatement
être mis en pratique.

Les mots dégénérescence, anémie, chlorose, épuisement, nécrose, excès de production et d'alimentation, ont
été sérieusement mis en avant *comme effets au moins*

symptomatiques de la maladie de la v'gne, *d'aucuns disent comme causes premières et efficientes* de celte même maladie, A quels agents la médecine des êtres animés s'adresse-t-elle aujourd'hui pour combattre ces mêmes causes ou ces mêmes effets chez l'homme et chez les animaux? A tous les reconstituants, à tous les martiaux, aux adjuvants de toute nature, aux phosphates si variés, à l'or, au fer, aux astringents, aux amers, aux résineux, dilués ou pulvérulents. Et, poursuivant la similitude ou l'assimilation des traitements, les sulfures, les sulfo-carbonates, les huiles empyreumatiques, les goudrons, agissent-ils autrement pour détruire les végétations microscopiques ou cryptogamiques des plantes et des arbustes, les insectes visibles ou invisibles des végétaux, que le camphre, l'acide phénique, l'acide salicylique et tous ses dérivés, employés dans les hôpitaux et dans la pratique ordinaire des médecins? Que penser du Burquisme ou Métallothérapie ?

Dans leurs savantes et patriotiques préoccupations, les *insecticidophiles* se sont trop préoccupés de la *profondeur, des replis cachés et inextricables* du siége du mal; outre qu'ils n'ont pas voulu voir que l'insecte, *puisque adventice et importé,* ne pouvait être né ou naître sans un germe préalable, sans une insinuation subreptice, au milieu et au plus profond des racines, ils n'ont songé qu'aux moyens externes et extérieurs, *aux nappes gazeuses ou aqueuses,* pour noyer, asphyxier l'ennemi, sans assez se préoccuper de cette admirable anatomie des racines, des merveilleux appareils d'aspiration, de dilection, de triage et de choix qui permettent à cette extrémité inférieure du végétal, comme à sa correspondante qui voit le soleil,

d'éliminer, d'absorber, de retenir, d'assimiler tous éléments profitables, sans attendre leur transformation et
leur état gazeux ou liquide; mécanicistes de fait et peut-
être d'intention, aucun principe directeur ne les guide,
et ils ne savent pas se reconnaître dans la multiplicité
des rouages et l'infinie variété des moyens.

Dans notre siècle à la vapeur, on veut arriver vite,
produire à outrance, consommer à satisfaction. J'y consens,
puisque tout le monde le veut ainsi, sans peut-être y
trouver son compte; mais, si industrielle et si industrieuse
que soit devenue l'agriculture, n'oublions pas que la
nature *a des lois et des droits*, et que, *dès qu'on la surmène,
elle se venge*. La chimie, malgré ses incroyables progrès,
ne saurait arriver à nous servir une côtelette ou un
simple œuf de Phylloxera. L'azote, si nécessaire à la vie
des plantes, tant recommandé par Boussingault et les plus
illustres agronomes, a été imprudemment mis aux mains
des fabricateurs de produits végétaux; les paysans ont
voulu suivre, ils ont encore exagéré les doses, et la vigne,
c'est d'elle seule que nous avons à nous occuper ici, est
tombée, comme tombent ces chevaux vigoureux et
dévoués, nobles pur sang, que l'avoine a rendus fourbus.

N'oublions jamais, du reste, qu'à ces causes premières
d'une *réceptivité maladive* qui a permis au fléau de s'étendre et de se généraliser, il faut joindre *aujourd'hui*, dans
la supputation du mal, la *pullulation infinie* de l'insecte
qui, affamé et luttant pour l'existence (*struggle of life*),
va porter ses essaims empoisonnés et sur les vignes vigou-
reuses et sur les vignes malades, à quelque distance qu'elles
soient d'un premier foyer.

La vigne est atteinte, elle dépérit, elle meurt:

250,000 hectares sont détruits, plus de 600,000 sont gravement atteints. Cause ou effet, le Phylloxera ruine le pays; faut-il renoncer à la lutte et abandonner la culture de la vigne; faut-il, comme il a été proposé sérieusement, arracher toutes les vignes et attendre 10, 15 ou 20 ans pour replanter?

A part la difficulté, pour ne pas dire l'impossibilité de trouver à cette époque de quoi refaire les plantations, l'étude attentive des phénomènes pathologiques, des lois encore incomprises de leur développement bizarre ou capricieux, l'examen des procédés employés pour les combattre ou les enrayer, l'intelligente énergie de l'homme, toujours vainqueur dans sa lutte contre le mal, nous défendent de désespérer.

Je ne critique ni ne déconseille aucun procédé ; mais si l'on veut bien se reporter aux explications et analyses faites plus haut, il faut reconnaître que les seuls procédés qui aient donné, jusqu'à aujourd'hui du moins, des résultats sérieux, incontestables, sont : la *submersion*, les *sables*, et le *procédé Jules Maistre*, trop peu connu à cause de la circonspection exagérée de son auteur. Les sulfures de carbone et les sulfo-carbonates de potassium comme de calcium, sont des agents excellents de destruction, mais ils ne sauraient suffire à reconstituer. Ne médisons point et surtout ne repoussons point leur intervention ; il ne s'agit que de compléter leur action, et nos vignerons, rassurés, oublieront vite le Phylloxera et les plants américains devant la renaissance luxuriante des vignes françaises, dont, grâce au fléau, ils auront appris à mieux connaître les *exigences culturales et les besoins physiologiques.*

Le succès des trois procédés mis en vedette et comme

avant-garde des triomphateurs futurs : la *submersion,* les
sables, le *procédé Jules Maistre,* doit être infailliblement
attribué à la manière dont se comportent les racines, c'est-
à-dire à leur constitution chimique et anatomique, résultat
incontestable de leur alimentation et du milieu qui leur
est donné.

Si la submersion n'amène que momentanément et
pendant une période restreinte l'indemnité Phylloxérienne
dont jouit la vigne plantée dans les sables, *à cause peut-
être de la masse moindre et incomplète des éléments charriés
et dilués dans l'eau,* elle nous indique néanmoins la route
à suivre pour nous délivrer de l'ennemi ; je jalonnerai
tout à l'heure cette route, de manière à ne pas laisser
s'égarer ceux qui voudront bien croire à la sincérité de
mes efforts et à la réussite de mes propositions.

C'est pour avoir perdu de vue le *desideratum impératif
de la Commission supérieure du Phylloxera,* pour ne pas
s'être rendu un compte assez sévère du mandat donné,
que tant de procédés infructueux ou incomplets, malgré
leur réel mérite, ont donné le change et fait naître le
doute sur la possibilité de vaincre.

Du reste, ce n'est pas tant aux Inventeurs qu'à la
Commission supérieure elle-même qu'il s'en faut prendre
des insuccès partiels qui ont suivi son invitation.

Pour si différents qu'ils soient des procédures, les *procédés* n'en constituent pas moins de simples moyens de
forme, des règles extérieures d'investigations et de recherches qui laissent intact et inconnu le corps de droit, le
corps du délit, la cause intime et primordiale du processus
morbide; ce n'est pas avec des *procédés* qu'on arrive à la

détermination certaine des agents constitutifs et générateurs de la maladie.

Comme tant d'autres, la grande Commission a cru,
elle aussi, *à des causes extérieures* : de là, le couronnement
promis au *procédé;* et néanmoins, comme si elle pressen-
tait que *l'art tout seul est impuissant,* elle ajoute: *Le procédé que nous recommanderons doit réunir deux conditions :
prévenir et guérir;* ce dernier mot, bien compris, amnistie
à *lui tout seul* la Commission de toutes ses hésitations ;
en effet, *guérir* comprend non-seulement *l'extirpation
du mal, l'anéantissement du parasite, mais la venue en
santé du malade après l'opération, sa résistance constitu-
tionnelle aux causes qui menaçaient de l'anéantir.* C'est ce
dédoublement multiple d'un mot complexe, ce troisième
terme du problème, entrevu sans doute par tous les auteurs
ou vulgarisateurs de procédés antiphylloxériques, mais
trop peu mis en lumière, parce qu'on a beaucoup trop
visé le *prix de revient* et que chaque système veut se
recommander aux propriétaires *par son économie,* comme
si la pire des économies n'était pas celle qui consiste à
dépenser sans résultats.

C'est ce troisième terme : Rendre *constitutionnellement
la vigne réfractaire à la morsure de l'insecte et à ses conséquences,* que nous avons cherché et qui nous permet de
croire, son application étant faite, à l'entier succès de
notre méthode.

Je puis me tromper et faire sourire quelques braves
gens qui s'imaginent que mieux vaut ne rien faire, se
croiser les bras et attendre la fin du fléau, croyant mieux
faire fructifier leurs capitaux en jouant sur la conversion
de M. Léon Say qu'en essayant de sauver leurs vignes ;

je continuerai ce que j'ai commencé il y a tantôt deux ans, et j'ai le ferme espoir de ranimer et de raffermir bien des espérances.

On s'est plaint des insecticides, on les a critiqués, abandonnés, parce *qu'un effet rapide et immédiat* ne suivait pas leur emploi, comme si l'insecticide, je l'ai dit, pouvait *donner plus que son nom ne promet.* Le sulfure de carbone, les sulfo-carbonates, tuent l'insecte; *mais, le parasite disparu,* il faut mettre la vigne à même de se *reconstituer et de se défendre;* il faut lui redonner les appareils de nutrition que son ennemi lui a fait perdre. La vigne est si robuste, si vivace, qu'elle répare vite ses pertes ; elle se reconstituera d'autant plus vite que le propriétaire intelligent hésitera moins à médicamenter ses vignes, même celles dont l'apparence est la plus luxuriante ; l'invasion, *dans nos pays du Midi* surtout, est souvent foudroyante, et telle vigne qui a donné pleine récolte cette année, sur laquelle aucun symptôme de maladie n'apparaissait , *meurt souvent* avant la taille d'hiver. L'examen des racines fait constater la présence de Phylloxeras, tantôt nombreux, tantôt très-rares ; mais toujours des nodosités et des renflements, des sinuosités traçantes, qui ont partout décortiqué les racines et amené, dans la vigne même, dont on déplore la perte inattendue, cette exubérance de récolte que certains viticulteurs obtiennent *par l'incision annulaire ou une décortication partielle.*

Prévenir, guérir, reconstituer, tels sont et doivent être aujourd'hui les trois termes du problème qu'il s'agit de résoudre pratiquement et économiquement.

Procédé P. SYLVESTRE.

Nous avons réuni, ou tout au mois essayé de réunir, dans l'exposé incomplet et peut-être trop long que nous avons fait de la maladie de la vigne, de ses *causes primaires* ou *secondaires*, les *influences atmosphériques*, *telluriques* et *d'ordre organique*, tant végétales qu'animales, qui agissent et réagissent dans ce milieu si complétement inconnu encore qu'on appelle la terre.

On ne pourra donc trouver étrange la division que nous avons cru devoir établir, pour éviter toute confusion, dans ce que nous appellerons notre système de traitement.

AGENTS GÉNÉRAUX OU CULTURAUX. — AGENTS SPÉCIFIQUES OU THÉRAPEUTIQUES.

Cette division, on le comprend, ne saurait être absolue, puisque le but à atteidre est de guérir, et que c'est de la concordance, de l'union, de l'heureuse combinaison des divers facteurs appelés en cause que peuvent sortir la santé et la revivification de notre cher arbuste. Nous maintiendrons toutefois cette division, pour la plus grande clarté de ce qui nous reste à dire.

Procédés culturaux. — De ce qui précède, il résulte que la taille et l'espacement des ceps doivent avoir la plus grande influence sur la régénération, sur la conservation et la propagation, par replantation de nos plants français.

Les vignes renaissantes à suite d'un abandon absolu (taille, culture, fumure), même en tenant compte de leur mort postérieure et successive par la pullulation infinie de l'insecte revenant à la rescousse, la résistance prolongée des treilles et des vignes en bordure, tout ce que nous avons dit touchant la cause de résistance des plants américains *dans leurs forêts*, indiquent suffisamment et font comprendre combien il serait urgent de laisser à la vigne un développement ligneux plus considérable ; l'état pléthorique et hypertrophique dans lequel les engrais azotés et les cultures intensives ont mis les racines de nos vignes, qu'une taille appropriée n'a pas su mettre en rapport avec la partie aérienne, amène presque journellement des *gerçures*, des *crevasses*, des *nodosités* et des *renflements avec extravasations séveuses* qui attirent l'insecte, et *plus tard* ou *en même temps, antérieurement* d'après M. Millardet, des mycéliums, des moisissures, engendrant le Phylloxera et causant la nécrose et la mort des racines.

Pour les plantations nouvelles, il sera, je crois, très-facile d'éviter ces terribles causes de dépérissement : 1° en plantant à une plus grande distance et à 2 mètres, 2^m,50 en tous sens ;

2° En maintenant rigoureusement, par une taille appropriée, la concordance nécessaire entre les organes aériens et les organes souterrains, c'est-à-dire qu'en même temps qu'on donnera aux racines plus d'espace et plus d'ampleur, on laissera à la partie supérieure plus de développement ligneux, sans crainte cette fois pour la fructification, dont l'abondance et la qualité équilibreront, au profit même de la vigne et de sa santé, l'excédant de séve qui amène aujourd'hui toutes les perturbations et les accidents qui causent son dépérissement.

Cette taille, riche et généreuse, correspondant à un système radicellaire s'étendant à l'aise dans le sol, sauvera la vigne de ces plaies, de ces gangrènes hideuses que lui procure la taille irrationnelle de nos pays, qu'on fait courte sous prétexte de soulager la vigne, sans se douter que chaque coup de sécateur, en ouvrant une plaie nouvelle que les influences atmosphériques ne font qu'aggraver et agrandir, fait disparaître une racine correspondante, et, troublant l'harmonie de la distribution de la séve, déjà forcée de circuler à travers tous ces foyers de pourriture et s'y viciant, amène ces déchirures, ces nodosités qui font périr la vigne, avec ou sans le concours du Phylloxera, ou tout au moins en provoque l'arrivée et la perpétue.

La plantation des vignes en chaintre (treilles à terre) avec espacement de 2 mètres dans la ligne, 6 mètres dans le rang — 1,000 à 1,200 souches à l'hectare — serait peut-être le summum de la perfection dans les procédés culturaux destinés à intervenir pour la conservation de la vigne, sans compter que cet espacement, qui ne réduit en aucune façon *le rendement en hectol.tres* (voir l'intéressante brochure de M. l'Instituteur de Chissay), permettrait d'accumuler à peu de frais, au pied de ces ceps diminués des trois quarts (pour le Midi), tous les moyens de lutte et de défense connus ou à connaître contre le Phylloxera.

Car, il ne faut pas se le dissimuler, si entière que soit notre confiance dans les procédés de culture (assolement, taille, espacement, engrais) que nous venons de faire connaître, *il serait par trop imprudent* d'oublier que l'incertitude est encore grande, pour ne pas dire complète, sur *la* ou *les causes du dépérissement de la vigne française*; d'oublier surtout, ou mieux de méconnaître que l'ennemi est là présent, se répandant et dévorant tout sur son passage, — et une modestie aujourd'hui ridicule ne doit pas nous empêcher de dire que notre double procédé préventif et curatif devra être appliqué d'autant plus vite que la disparition successive de l'insecte, la reconstitution forcée de la vigne amenées par notre traitement, permettront, en éliminant certains agents trop coûteux du premier traitement, de réduire la dépense à une fumure dont les frais n'atteindront pas *ceux qu'on faisait* autrefois, qu'on *continue aujourd'hui*, comme pour, à plaisir, *accumuler* au pied de la vigne toutes les *causes de désorganisation*.

Phylloxera cause, phylloxera effet : que de plus doctes ou de plus osés se prononcent ; c'est cette terrible alternative qui nous a contraint à la division de tout à l'heure.

Moyens spécifiques ou thérapeutiques. — Nous avons dit plus haut ce qu'il convenait de faire pour l'avenir et pour les plantations nouvelles. Examinons, et c'est le plus urgent pour les pays non encore entièrement perdus, ce qu'il est possible d'aborder *pour enrayer l'invasion, sauver le malade, empêcher la contamination des individus non encore atteints.*

Ici encore nous désirons ne rien laisser à l'aventure, à l'imprévu, à la fantaisie ; nous l'avons dit en plusieurs endroits : la découverte du terrible secret, la restauration de notre beau vignoble, ne seront pas l'honneur et la récompense d'un seul; chacun, depuis le plus humble jusqu'au plus savant, aura porté son contingent d'observations, d'études et d'originales applications; il y aurait ingratitude et sottise, tant pour ceux qui veulent guérir que pour ceux qui veulent être guéris, à oublier et à méconnaître que, sans les savantes monographies des Lichtenstein, des Balbiani ; sans les intéressantes découvertes des Boiteaux, des Fcëx, des Boutin, des Coste, l'empirisme régnerait encore en maître, et que nous en serions réduits à arracher nos vignes ou à appliquer les burlesques inventions relatées avec une scrupuleuse naïveté par les Sociétés d'*Etudes et de recherches*, qui s'étaient courageusement et patriotiquement donné pour mission de rechercher les sauveurs de l'arbuste par excellence.

L'*extranéité* ou l'*adventicité* du Phylloxera étant indéniable, les moyens *prophylactiques spécifiques*, en dehors de la grande et capitale question des moyens culturaux (assolements, taille, espacement, fumure, engrais), devaient se présenter immédiatement à l'esprit. — PRÉVENIR ! mais comment, mais quoi ? D'où venait l'invasion, comment se propageait elle, à quelle époque ? Grâce aux savants dont je parlais tout à l'heure, nous sommes renseignés, et rien ne peut mieux servir à faire comprendre la portée, l'utilité, l'efficacité de notre double système que d'exposer très-sommairement le résultat de leurs savantes études.

BIOLOGIE DU PHYLLOXERA.

Il est établi et reconnu d'une manière incontestable et incontestée aujourd'hui que le Phylloxera, *partie du moins*, dès fin juillet ou commencement d'août, sort de terre, prend des ailes, et s'en va à de plus ou moins grandes distances, disséminer sa détestable progéniture ; *cet insecte ailé* pond ses œufs un peu partout et sans préférence sur les raisins, sur les feuilles, sur les ceps, à l'aisselle des bourgeons; de ces œufs, les uns *gros*, les autres *petits*, sortent des Phylloxeras *non ailés*, qui à l'inverse de leurs générateurs, toujours et exclusivement femelles, sont sexués, c'est-à-dire que le petit œuf donne naissance à un mâle, le plus gros à une femelle; que ces insectes, nés absolument pour la reproduction, n'ont pas d'appareil digestif, par suite *qu'ils ne mangent pas. Quel que soit leur lieu de naissance, ils se réunissent tous sur le tronc, du collet de la racine à la naissance des coursons,* s'accouplent; la femelle pond un gros œuf entre les feuillets de l'écorce et meurt aussitôt après.

Tous nos lecteurs peuvent se rendre facilement compte: ils connaissent maintenant les phases successives qui composent le cycle biologique du Phylloxera : 1° éclosion de l'œuf d'hiver et issue de la jeune mère fondatrice des colonies nouvelles, les *unes aériennes*, les *autres souterraines*; les *aériennes*, qu'il ne faut pas confondre avec les *Phylloxeras ailés*, venus plus tard des *colonies souterraines elles-mêmes*, s'en vont aux feuilles, où, suivant qu'elles ont affaire à des cépages européens ou à des cépages américains, prennent plus ou moins d'extension et de développement et reçoivent la dénomination de *Gallicoles*, par rapport à leurs sœurs qui s'en vont aux racines, et qu'on appelle *Racidicoles*.

2° Succession de plusieurs générations de larves provenant les unes des autres, par parthénogénèse, c'est-à-dire sans copulation.

3° Transformation d'un certain nombre de ces larves en insectes parfaits et ailés.

4° Production à la fin de l'été par ces *ailés*, *mais*

exclusivement par eux, d'une génération d'individus *sexués,* qui, par leur *accouplement*, la ponte d'un œuf fécondé, terminent le cycle et préparent un cycle nouveau.

La connaissance du développement de l'insecte, de ses migrations, de ses transformations, était *indispensable* pour expliquer avec sûreté le remède; les certitudes qui viennent d'être acquises sur les mœurs de l'insecte mettent, *vous le voyez,* l'ennemi à notre *portée immédiate,* et nous permettent de le combattre dans des conditions qui le rendent *accessible à nos moyens de destruction.*

Le moyen préventif est maintenant facile à découvrir, et, dès que nous pouvons arrêter l'*ennemi au passage,* nous sommes *sûrs* qu'il n'ira pas *ravager les racines,* objet de ses prédilections.

Nous avons déjà dit, et je crains de fatiguer vos lecteurs en le répétant, que la culture irrationnelle de la vigne, ses fumures inintelligentes et exagérées en azote, précisément parce qu'elles ont laissé vivre jusqu'à aujourd'hui l'arbuste, grâce à la robusticité et à la vigueur de sa constitution, ne l'a pas moins mise en tel état que *tous les insectes ampélophages* ou autres se sont comme donné rendez-vous sur ce *caput mortuum* de pratiques et de manipulations anormales et illogiques.

Fongosités microscopiques des racines, Mycéliums et Champignons, Oïdiums, Anthracnose, Phylloxera, Gribouri, Altise, Eumolphe, Attelabe, Pyrale, et j'en oublie cent autres, sont la *résultante* de l'état maladif du végétal; si la *physiologie pathologique* n'est pas un vain mot, elle doit nous conduire en toute sûreté au traitement rationnellement *thérapeutique.*

Faire disparaître ces effets ou ces causes, tel est le premier objectif, et le mot de M. Barral, rendant compte de mon système, n'a dans son ironique bonhomie rien qui me soit déplaisant. Le système de M. Sylvestre, dit le savant directeur du Journal d'agriculture pratique, n'est *qu'un embaumement*; embaumement, soit, si, comme on en est convaincu jusqu'à ce jour, le mot signifie : action de garantir les cadavres ou les corps morts de la putréfaction; vous me permettrez d'étendre la signification du Dictionnaire, et de croire que le mot comme l'action peuvent s'étendre avec une *intensité plus grande aux corps qui ne sont point encore des cadavres.*

Veuillez noter en outre que M. Barral, dans son Compte rendu, n'a voulu voir qu'un des côtés du système.

Donc notre vigne (celle à traiter) est, ou *pas atteinte,* ou *déjà atteinte,* ou *gravement atteinte même* ; mais elle vit encore, elle résiste; il s'agit de la ramener en santé et vigueur. Que faut-il faire dans ces trois cas ?

L'invasion phylloxérique, à *l'heure qu'il est tout au moins,* se fait et se produit par *l'insecte ailé,* à ce point que la Commission du Phylloxera vient d'être invitée tout récemment par le Ministre de l'Agriculture, qui lui *ouvre un crédit à cet effet,* à envoyer de nouveaux délégués pour étudier *quelle est la cause de réapparition du Phylloxera, vers le mois de juillet, dans les vignes traitées par les insecticides comme dans celles traitées par la submersion.*

Si le fait est exact; si, comme j'en suis certain, les nouveaux délégués confirment ce que les naturalistes, les viticulteurs praticiens, ont mis en lumière, l'urgent dans un traitement rationnel est d'empêcher, dans les pays

non encore contaminés comme dans les autres, *l'introduction de l'insecte dans la racine par les générations
de l'ailé, qui, de proche en proche et suivant les sinuosités des
coursons et des ceps, s'insinuent, partie du moins, jusqu'au
pied de la souche, pour de là gagner les racines.*

A cet effet et comme moyen préventif, voici ce que je
conseille :

« *Vignes non encore atteintes, ou légèrement atteintes,
ou gravement atteintes.* Par ce temps d'incertitude sur le
degré de contamination, je crois qu'il est utile *d'appli
quer partout* le moyen préventif. »

Voici comment nous procédons : Un récipient de
n'importe quelle substance (verre, zinc ou fer-blanc) est
placé sur le tronc même de la souche, à l'entrecroise-
ment des ceps.

Ce récipient, espèce de godet graisseur, de gourde
nourricière, de galactophore, dont la forme faisait dire
ces jours derniers à mon petit garçon : *Tu fais téter la
vigne,* est garni intérieurement de petits tubes dans lesquels sont engagées des mèches de coton destinées à
extravaser le liquide et à le répandre capillairement sur
le tronc, d'où, par infiltration, il pénètre à travers les la-
melles corticales, et, par l'aubier, dans la séve descen-
dante, tout en lubrifiant l'écorce, la calcinant et détrui-
sant ainsi, jusque dans les retraites les plus cachées, les
œufs, larves ou insectes que sa fluidité lui permet d'aller
chercher.

Dans ce récipient se trouve un liquide dont la composition connue coupera court à toutes les objections :

Huile de pin extraite par des procédés à nous, acide
pyroligneux, potasse caustique, acide malique, sulfure

de carbone, sulfo-carbonate dont la volatilisation est rendue nulle, incorporés qu'ils sont, par une malaxation énergique, avec l'enduit qui les emprisonne.

Ce liquide antiseptique, antiputride, reconstituant et insecticide, mettant à profit, *automatiquement et sans le concours d'instrument ou d'ouvriers*, le double courant descendant et ascendant qui existe dans tout végétal, pénètre la sève, qu'il régénère par ses agents eccorthatiques, descend aux racines, raffermit, resserre, tonifie les cellules, et revivifie, par un apport constant de matières assimilables et astringentes, non seulement le cep, mais les coursons, les feuilles et les fruits, qu'il préserve des attaques de tous insectes ou champignons, s'il en est qui aient pu échapper à l'action asphyxiante et délétère, résultant de la combinaison des agents de notre régénérateur.

A l'aide du godet et de l'insecticide liquide et reconstituant qu'il distribue, tous les insectes sont atteints, et plus n'est besoin de chaulage, d'ébouillantage, de cloches et de sulfurations ; *pas un seul des innombrables ampélophages ne résiste, et les stérimates même de l'anthracnose, si fatale* aux Jacquez, stérimates implantés dans le tissu même du végétal, résistant non-seulement à tous les moyens connus et employés, mais au raclage le plus énergique, disparaissent et se dessèchent.

Le procédé est simple et facile, peu coûteux ; une femme et un enfant suffisent à placer et remplir 200 godets à l'heure ; chaque godet mettant trois heures à se vider automatiquement, il est facile, avec un personnel aussi restreint et aussi peu coûteux, de traiter de grandes surfaces avec mille godets.

Le godet, mèches comprises et tout préparé, est du prix de 40 centimes. Ce prix, si réduit qu'il soit, et qui est absolument le prix de revient, a effrayé certains propriétaires qui craignent de s'encombrer de petits appareils. Pour ceux que cette perspective de dépense pourrait faire hésiter, nous avons songé à un expédient plus simple : nous enverrons en location, et pour une durée de dix jours, 500 ou 1,000 godets à raison de 1 fr. le cent, port et retour à la charge du propriétaire. C'est l'intérêt du capital engagé à 2 p. 0/0.

Le prix de l'hectolitre du liquide est fixé à 30 fr., en fûts usagers de schiste ou pétrole. Le robinet, bidon et fût, seront aussi donnés en location et pour une même période de dix jours, contre 50 cent. ; port et retour toujours à la charge du destinataire.

Nous espérons, en facilitant ainsi la vulgarisation de notre procédé, arriver à en démontrer *expérimentalement l'absolue efficacité*. — Une instruction détaillée accompagne chaque envoi.

L'application du godet peut se faire dès le mois d'avril et jusque fin octobre.

Nous espérons et nous pouvons presque affirmer que deux applications suffiront pour débarrasser la vigne *à tout jamais de son parasite, l'une en avril et mai, l'autre en juillet et août*, alors surtout, comme nous allons le dire, que, par l'application *de notre poudre insecticide et régénératrice, application à faire dès les premiers jours d'avril*, on aura, non-seulement *détruit l'insecte des racines*, mais rendu la racine réfractaire et indemne de toutes les conséquences de la piqûre ou implantation du puceron sur icelles.

Si nous nous sommes fait bien comprendre, le godet et son liquide *ont pour but et pour effet*, non-seulement de *prévenir le mal*, mais de redonner, par l'introduction intime dans la *séve (endosmose)* des agents chimiques qui le composent, une robusticité plus grande et une force de résistance à la vigne contre les attaques de ses innombrables ennemis.

Nous avons dit que le Ministre actuel, sous les conseils sans doute des hommes les plus sincères et les plus compétents, ne voyait guère aujourd'hui que ce moyen : *Prévenir*.

La poudre insecticide et régénératrice, qui peut paraître au premier abord d'un prix élevé (25 fr. les 100 kil.), à raison de 500 gram. par souche, *atteint sûrement et désorganise l'insecte ; de plus, et c'est là surtout qu'il faut rechercher la cause de son coût relatif, elle dispense de toute fumure;* par une combinaison des agents les plus propres à fertiliser les racines, elle apporte au végétal tous les engrais organiques et inorganiques qui lui sont indispensables, et leur équilibre est tel que nous croyons devoir recommander de ne pas y joindre d'autres fumiers. L'analyse, même rapide, fera retrouver dans notre composition : l'azote voulu, le phosphate, la potasse, la soude, la chaux, le tannin, la silice, le fer, le chlorure de sodium, tous éléments qui concourent à entretenir la vigne en bonne santé et assurent sa conservation. Tous ces divers agents, *mécaniquement divisés* à l'extrême, sont associés *intimement* à un *insecticide radical* cédant facilement *ses énergies toxiques sans dilution préalable*, et, de la réaction mutuelle de l'engrais, sort, avec la mort de l'insecte, la reconstitution du végétal.

Je ne dois pas oublier de dire ici que c'est à l'affec-
tueuse et cordiale sympathie de M. N. Basset, un de nos
plus savants et plus modestes chimistes de Paris, que je
dois de connaître ce puissant antidote : l'insecticide à
action lente et continue.

Nous avons donné à notre fertilisateur le nom de *Poudre régénératrice*, et ce n'est pas sans dessein que le mot
Poudre a été employé. — Qui ne connaît aujourd'hui les
belles études de M. Menier sur la Pulvérisation des Engrais? Non-seulement, d'après la loi découverte par cet intelligent vulgarisateur : la *solubilité d'une substance est
proportionnelle à la surface que présentent ses parties*,
mais il est constant *que la pulvérulence des milieux (sables)
s'oppose efficacement, comme nous l'avons indiqué, à la
marche du Phylloxera, autant par l'action mécanique qu'ils
exercent sur l'insecte que par leur action chimique.*

Nous avons du reste démontré que si la submersion,
les sables, les irrigations répétées amenaient la régénération de la vigne, ce n'était que par l'apport incessant
des matières ténues, pulvérulentes, dont elles enve-
loppaient la racine. Si à ces atomes reconstituants vous
ajoutez un insecticide énergique à action lente., ne
cédant son énergie toxique qu'au fur et à mesure des ap-
pels vitaux que lui fait la vigne; si à ces agents combinés
de la reconstitution souterraine, vous ajoutez le *halte—là !
radical et absolu* qu'apporte le godet au passage et à la
migration de l'insecte, par la destruction de ses œufs et de
ses larves, le triple problème est, je le crois, bien près
d'être résolu, et bien déshérité d'intelligence ou d'argent le
propriétaire ou paysan qui ne tenterait l'essai ?

Voilà pourquoi nous avons pu réduire *à 500 grammes*

de poudre impalpable la quantité nécessaire à chaque pied, persuadé que sur ces 500 parties, 450 au moins seront utilisées et assimilées.

La sécheresse de nos pays est telle qu'il faut faire entrer cette cause accidentelle dans le dépérissement de nos vignes envahies. A cet effet, et pour combattre ce nouvel ennemi, nous engageons vivement les propriétaires, les opérations indiquées plus haut étant terminées, à butter la terre autour des souches et presque jusqu'à mi-hauteur du pied.

Il va sans dire que pour l'emploi de la poudre réparatrice, les vignes devront être préalablement déchaussées et la poudre uniformément répandue dans la cuvette qui entoure chaque pied.

Le terrage ou buttage que nous conseillons pour les vignes à traiter, surtout dans le Midi, n'est pas un procédé nouveau; il a été déjà employé avec succès pour empêcher la vigne de succomber aussi vite. Mais, à notre sens, et dès que la vigne sera revenue en santé, il devra être abandonné : en effet, l'humidité entretenue autour du pied par le buttage de terre amoncelée, provoque l'émission de radicelles et de chevelus qui momentanément soutiennent la vigne, mais l'épuisent évidemment, et par leur situation superficielle offrent au Phylloxera comme un vrai pâturage.

On a trop négligé, dans nos pays surtout, *les cultures profondes et les binages superficiels*, tant recommandés dans ces vingt dernières années par des praticiens qui n'ont pas vu que les résultats immédiats ont amené plus qu'on ne le pense, ou tout au moins favorisé la propagation de l'épidémie. A donc, dès que par l'effet toxique de l'insecticide que contient notre poudre, par 'la revivification des racines profondes qu'amèneront les agents réparateurs dont elle est composée, la vigne sera revenue à l'état sain et normal, il faudra se hâter de cesser cette pratique et de débarrasser avec la serpette la vigne de ces radicelles et chevelus trop superficiels, sauf à cette époque à indiquer, à ceux qui voudront bien nous en faire la demande, les moyens économiques, rapides de composer l'*engrais normal et rationnel* qui devra remplacer, *après cure faite*, les fumures et engrais employés si malencontreusement jusqu'à ce jour.

Si ces explications et théories, trop rapidement et trop confusément données ici, peuvent faire croire aux gens de bonne foi, aux propriétaires désespérés, que la vigne française peut et doit être conservée, nous serons heureux qu'on veuille faire en bien petit, s'il plaît, l'application et l'essai de notre système ; nous deviendrons fabricants et industriels, non pour nous, mais pour tous, car nos efforts tendront à associer le propriétaire à notre exploitation, en ce sens que la vulgarisation, la généralisation de notre procédé nous permettront, en augmentant et agrandissant nos moyens de fabrication, de donner à 15, 20, 25 0[0 de moins, et le liquide et la poudre dont l'emploi combiné doit régénérer et reconstituer notre vignoble français. Il se peut que parfois, sans le vouloir sans doute, j'aie bu dans le verre de quelques-uns : le mien est si petit ! Que ceux qui auraient le droit de s'en plaindre veuillent bien m'excuser ; si je l'ai fait, ce n'a jamais été dans un intérêt exclusif et personnel : le pays tout entier souffre et est alarmé ; il demande et réclame le concours de tous et saura faire la juste part de ceux qui auront contribué à lui porter soulagement et espérance.

Nous ne voudrions pas augmenter outre mesure cette brochure, déjà trop volumineuse, mais nous sommes tenu néanmoins de répondre à une objection qui nous a été faite par plusieurs personnes, au moment même d'envoyer ces pages à l'imprimerie, objection déjà prévue et à laquelle nous pensons avoir donné satisfaction dans le courant de notre étude.

Votre système ou procédé, nous est-il dit, *préventif* et *curatif, reconstituant* et régénérateur, *dispense encore de tous frais de fumure* qui sont l'accompagnement obligé, *qu'on le dise ou non*, de tous les autres traitements antiphylloxériques. *A ce titre* et *avec ces qualités*, son prix n'a rien de bien surprenant et de *trop élevé*; et cependant vous éprouverez bien des résistances, bien des hésitations se produiront ; on ne voudra pas croire, pour l'instant du moins, *à cette exonération de frais d'engrais, qui à elle seule* compense et au-delà l'excédant de prix de votre composition.

Rien ne vient de rien, je l'ai déjà dit, non-seulement avec des autorités que nul ne met en doute, mais avec le simple bon sens et la loyauté la plus vulgaire. S'il m'était permis, et cela viendra, de donner ici le détail analytique des substances qui entrent dans la composition présentée, les difficultés de fabrication, à l'état encore embryonnaire, je suis convaincu que tous les propriétaires me sauraient gré et de mes efforts et de mes sacrifices.

Soyons tous, du reste, de bonne foi : j'ai assez dit mon sentiment, non-seulement sur les plants américains mais sur leurs savants propagateurs, pour ne pas être taxé de concurrence dénigrante et déloyale : les Planchon, les

Lichtenstein, les Boutin , les Millardet, ne sont pas des vendeurs de buchettes; mais s'il faut prévoir à trois ou quatre ans d'échéance pour ces malheureux aveuglés le sort qu'au moyen âge on réservait aux lépreux, lazares et autres porteurs de peste; si nous craignons pour cette belle école d'Agriculture, trop vite transformée en Société d'admiration mutuelle pour les produits de serre-chaude créés et enfantés par les Planchon, grands et petits; si nous craignons, dis-je, qu'à un moment donné le pétrole et la fourche viennent déverser contre elles le trop plein des misères qu'elle sème si insouciamment, à pleines mains, depuis cinq ans, notre devoir, nos convictions, notre expérience, commandent de patriotiquement venir dire aux paysans : « Laissez-vous faire, puisque de bonne foi on veut vous faire prendre patience et vous associer à des expérimentations que seules l'État ou des syndicats des propriétaires riches et aisés pourraient entreprendre. Mais ne vous laissez pas endormir dans une fausse sécurité : le réveil serait terrible et navrant. Plantez quelques ares de plants américains et faites votre compte. — Les Jacquez, les Riparia, derniers recommandés, vous coûtent de 50 à 60 cent. la bouture. — Je veux admettre, ce qui est loin d'être exact, 50 p. 100 à la reprise, c'est à 1 fr. 20 cent. que vous reviendra le plant; si vous ajoutez les frais de soins particuliers, arrosages, engrais appropriés, binages plus fréquents, séjour préalable de pépinière, vous ne trouverez rien d'exagéré à la cote de 1 fr. 50 cent. — C'est donc et sans ni plus moins de sécurité, si vous le voulez, que ce que vous offrent les Insecticides—15 à 1600 fr. par quart d'hectare ou setérée du Midi, — 6,000 à 6,400 fr. par hectare que vous allez dépenser pour une simple plantation, à reprise bonifiée de 50 p. 100 ?

Faites le compte des procédés anti-phylloxériques les plus coûteux : celui de M. Cauvy, sulfo-carbonate de calcium ; de M. Mouillefert, sulfo-carbonate de potassium ; celui de la Méditerranée, sulfure ; ajoutez-y les frais de main d'œuvre multipliés, les engrais les plus chers : vous n'arriverez jamais à 25, à 20 p. 100 des sommes que vous allez si follement consacrer à des essais qui depuis dix ans n'ont donné d'autres résultats que de faire écrire des milliers de sottises.

Nous ne voulons tromper personne, et viendra à nous qui voudra. Le propriétaire avisé doit savoir faire son prix de revient pour la fabrication de ses produits de ferme, aussi bien, si pas mieux, que l'industriel qui fait du drap, de la soie, des vêtements confectionnés, que le banquier qui prend à la Banque et donne à ses clients.

Par quart d'hectare ou setérée du Midi, au prix fixe de 30 francs l'hectolitre pour le liquide préventif, prix qui descendra, nous en sommes sûr, par l'amélioration et l'agrandissement des procédés de fabrication, l'application de notre système, location des godets comprise, ne reviendra pas à plus de 20 francs (soit 2 centimes par pied) la setérée ou quart d'hectare.

Nous estimons deux opérations nécessaires (avril, fin juillet), soit 40 francs ; mais il faut déduire de cette somme, tous frais à faire pour la destruction de la Pyrale, de l'Altise, du Gribouri, etc., etc., inscrire à l'actif du procédé, et en déduction des frais, l'achat des cloches, des cornues, des cafetières, d'eau bouillante, de soufre ou de chaux, sans compter la main-d'œuvre, toutes choses que l'application bien faite du godet rend inutiles.

On le voit, cette dernière économie dépasse le prix de *2 centimes*, prix auquel, de compte exact, nous fixons le *revient de l'application du godet préventif*.

Si, à l'imitation de beaucoup de faiseurs de comptes ou contes agricoles, nous faisions porter la dépense sur une série d'années, cinq ou dix ans, par exemple, nous arriverions, sans-rire, à une suppression de toutes dépenses, par suite à un accroissement de recettes par l'économie dans l'exploitation ; je dis sans rire, parce qu'un jour j'avais cru être mystifié par un compte présenté de cette façon, et, réflexion faite, je fus obligé de convenir que, par la suppression des dépenses que je ne puis appeler accessoires, mais forcées, comme les cloches, les bouilloires, le soufre, la chaux, la répartition du prix de leur *substituant* (le godet) sur une certaine période, amenait un profit ou bénéfice considérable, au lieu d'une dépense prévue.

Donc, et *pour le système préventif*, même avec deux applications, *dépense insignifiante* souvent, profit et bénéfice.

Pour le moyen curatif. — Poudre insecticide régénératrice. Comme son emploi dispense *de toute fumure*, son prix de revient est encore absolument peu coûteux et relativement beaucoup moins coûteux que tout ce qui a été employé jusqu'à ce jour.

En effet, à 25 centimes le kilo, sac compris, et à raison de 500 grammes par pied, l'engrais insecticide et reconstituant ne revient pas à plus de 12 centimes par souche.

Quel est le propriétaire se rendant compte , qui n'avouera pas avoir, dans ces dernières années, dépassé ce chiffre, soit en fumier de moutons, en chiffons, débris de laine, tourteaux, etc., y compris, je veux le croire, mais je n'exagère rien, et le port de ces marchandises encombrantes et les frais pour leur distribution ?

Avec iceux (engrais ou fumier *ultra-azotés*), le propriétaire a fait mourir sa vigne, ou tout au moins l'a prédisposée à la maladie.

ENGOUEMENT DANGEREUX.

Avis aux Vendeurs de Plants Américains.

On veut, d'*aucuns*, les *Planchonnistes, importer, nationaliser, franciser,* dans notre beau et fécond pays, la vigne américaine; *méfiez-vous :* outre qu'il nous est à tous plus avantageux et plus profitable d'exporter que d'importer, la terre française, terre de liberté, de riche et généreuse expansion, transforme et promptement modifie, élargit, enrichit les constitutions les plus rebelles; sous notre beau soleil, sous les habiles mains de nos agriculteurs, vos *Clintons réfractaires*, vos *Jacquez,* vos *York-Madeira,* vos *Solonis,* vos *Riparia* à bois tenace et avare, *ouvriront leurs cellules, dilateront leurs pores,* et alors vous irez demander aux forêts américaines de nouvelles résistances. Commandez plutôt un autre nouveau monde, car vous avez déjà dépouillé l'Amérique de ses bois durs, de ses bois de fer; mais, pour Dieu ! ne prétendez pas limiter et arrêter la chaude, fécondante et vivifiante action de notre sol français.

L'esclave devient libre dès qu'il touche le pont du navire au pavillon national ou qu'il foule dans nos ports

la noble terre de France ; au contact de nos sols privilé-
giés, les exsudations amères, sauvages et protectrices se
modifieront, la constitution anatomique changera, le
tissu deviendra plus accessible, moins dense et plus ou-
vert, et c'est inutilement qu'en raison même de la préférence accordée au plant français par le Phylloxera, préférence que les Planchonnistes et leurs adeptes consta-
tent à contre-sens, au rebours de toute logique et de toute
réflexion, c'est *inutilement*, dis-je, *hérétiquement* que
vous aurez propagé vos vignes exotiques, que vous aurez
empoisonné le pays, empêché la résurrection de la vigne
française. Je ne voudrais pas être un prophète de malheur,
mais, je vous le dis hautement, sincèrement : retirez vos
propositions, renoncez à votre propagande anti-natio-
nale, exterminez vos pépinières, brûlez vos plants, faites-
le sans vous hâter, s'il vous convient ; il n'en restera
jamais assez pour faire le brandon qui devra mettre le
feu au bûcher que j'entrevois pour vous sans le souhaiter.

Docteurs de Montpellier, Comices du Midi, à vous
d'aviser ; le mal est immense, la réparation possible ,
vous pouvez la prendre à votre compte, à votre nom,
nous n'y contredirons pas ; c'est à votre défaut que nous
sommes intervenus, c'est à votre bonne foi, à votre
science, à votre amour du pays, à votre sécurité future,
que nous dédions ces pages ; que l'hospitalité de M. de
Beaux-Hostes ne lui soit pas reprochée : son offre est an-
cienne, sa cordialité grande, nous aurions voulu ne pas
en abuser. Il croit peut-être en vous encore, nous n'y
avons jamais cru pour notre compte, et c'est en notre
propre et privé nom que nous signons ci-bas, dans l'at-
tente de votre résipiscence prochaine.

CONCLUSIONS.

Et maintenant, Lecteur convaincu ou hésitant, permettez-moi de vous rappeler ici, en forme de conclusions, ce que vous trouveriez sans doute, mais épars et fractionné, dans les feuillets de cette étude.

Si vous avez pensé, comme moi, que ce que vous venez de lire n'est ni une diatribe ni un factum contre le plant américain et ses propagateurs; si, instruit par l'expérience de ce que vous avez vu ou entendu dire des plaines de Nimes, des plaines de Marsillargues, vous croyez qu'il y a mieux à faire qu'à enrichir les marchands de buchettes; si vous avez jugé qu'en présence du désarroi universel et du doute général, il est bon et utile que des hommes de foi et d'expérience s'affirment et vous affirment le salut, acceptez et essayez mon système : et il n'y a ni témérité, ni outrecuidance à parler ainsi, *je crois, donc j'affirme*, c'est mon droit, ce que je propose a pour triple but, pour triple objectif, de *prévenir*, de *guérir* et de *fortifier*.

Le voici en deux lignes :

Moyens généraux ou culturaux. Moyens spécifiques ou thérapeutiques.

Pour les premiers : *moyens culturaux*, vous n'avez besoin que de réflexion et d'application, c'est-à-dire de cet esprit de suite, qui fait trop souvent défaut; sachez attendre et ne veuillez pas réussir dans quinze jours.

Plantez, espacez vos ceps à 2 mètres, $2^m,50$ en tous sens.

Ici je copie M. Basset, qui veut bien m'autoriser ; on ne saurait mieux dire.

4

MOYENS GÉNÉRAUX OU CULTURAUX.

« 1° Dès le mois de février, on procédera à la taille, dans le but bien arrêté de rétablir l'équilibre entre le système souterrain et le système aérien de la plante ; il faudra donc augmenter la proportion du feuillage et s'arranger pour donner à l'axe le plus grand prolongement que faire se pourra; pour cela, les deux sarments extérieurs seront tenus à huit ou dix yeux au moins, et les autres rabattus à deux yeux et à quatre yeux, sans se préoccuper de ce qui peut en résulter quant à la fructification. C'est en voulant tout gagner qu'on a tout perdu et qu'on a tué la poule aux œufs d'or; en relevant la taille au-dessus de la tête, on ne fera plus de chicots et l'on arrêtera la tendance à la désorganisation.

» 2° A la pousse et lorsque les fruits seront bien accusés et avant la fleur, on procédera à l'ébourgeonnement; les pousses inutiles, trop faibles, gourmandes ou mal placées, seront supprimées ; les autres seront pincées à cinq ou six feuilles au-dessus de la dernière grappe ; celles qui seront réservées pour bois ne seront arrêtées qu'à huit ou dix feuilles, et les pousses des deux grands sarments seront pincées à quatre feuilles, sauf le cas où elles porteraient des fruits et où le pincement se fera à une feuille de plus.

» Le liage se fera de manière à faciliter l'aération ; les deux grands sarments seront attachés de manière à ce qu'ils fassent un angle de 45° degrés environ; ils serviront de point d'attache au reste, et le tout sera disposé en éventail.

»Les pousses axillaires ou rabiais seront enlevées aussi
souvent qu'il sera nécessaire, afin d'utiliser la séve, au
bénéfice de la fructification et de l'aoûtage du bois. »

Tout ceci, pour ceux qui dans leurs prochaines plantations ne voudront pas essayer, ce à quoi nous les engageons vivement, des plantations de vignes en chaintres.

MOYENS SPÉCIFIQUES OU THÉRAPEUTIQUES.

Ici deux procédés : l'un *préventif* et *fortifiant*, l'autre
curatif et *régénérateur*.

Le *procédé préventif* à employer, même sur vigne
atteinte et pour empêcher jusqu'à entière reconstitution,
réfractaire au moins, les invasions de fin juillet et août,
consiste en l'application du godet en avril et mai ; une
seule fois pendant cette période, une seconde fois aussi
dans la même période de fin juillet à fin août. Son prix
de revient, par chaque application, est de 2 *centimes par
pied*, location des godets comprise.

Le *procédé curatif*, à appliquer dès avril et jusque fin
mai, c'est-à-dire au moment où l'insecte réveillé commence sa pullulation et ses ravages, est des plus simples
et des plus expéditifs : point d'outils ou d'ouvriers spé-
ciaux ou coûteux ; il suffit de répandre au pied de chaque
souche et le plus uniformément possible, dans la cuvette
ou trou de déchaussement qu'il est essentiel de porter de
18 à 20 centim. de profondeur, *cinq cents grammes de la
poudre* insecticide reconstituante, à combler la cavité de
terre meuble et à chausser la souche de cette même terre
jusqu'à moitié du pied. Les labours et autres cultures
seront pratiqués comme à l'ordinaire, mais sans toucher,

pour cette première année, et peut-être pour la seconde (après renouvellement de l'opération), au petit cône de terre amoncelé contre le pied.

A combien, par pied de souche, vous reviendront ces 500 gram. qui, en même temps qu'ils restitueront à la vigne la potasse, le phosphore, la chaux, le fer et le tannin qui lui font défaut, vous apportent encore le précieux insecticide à action lente, continue, dont je vous ai déjà parlé ?

Je vous l'ai annoncé loyalement : à 12 cent. par pied pour le moment, à 5 et 6 cent. quand il plaira à ceux qui souffrent se lamentent et dépensent, sans sourciller, 60 cent. pour une bouture de Jacquez (qui prend à peine une sur dix), de multiplier leurs essais, après vérification et expérience de succès.

C'est en tout, car je tiens à ne vous point leurrer ni tromper, 15 cent. au maximum que vous dépenserez pour sauver vos vignes, et vite renoncer aux céréales qui épuisent le sol sans profit pour le maître, et laissent tant de bras sans ouvrage, tant de braves gens sans vin ; aux prairies artificielles, sainfoins et luzernes, dont vous n'allez plus tantôt savoir que faire, car le bétail est rare et plus cher encore, sacrifié tous les jours aux industries fromagères et à la production du lait !

Quinze centimes — cent cinquante francs par setérée, six cents francs par hectare ! — Engrais, fumure, insecticide, reconstitution et régénération, *pour ce prix*, sauf atténuation postérieure et forcée. — Faites votre compte ; ne parlons plus des vignes américaines, mais revoyez vos comptes de dépenses en tourteaux, chiffons, laines, guanos, tous grands producteurs de pourritures et de Phylloxeras ; puis jugez, car c'est de vous que j'attends l'impulsion, me déclarant votre serviteur.

P. SYLVESTRE.

Clermont-l'Hérault, 10 mars 1879.

DORYPHORA.

Les documents législatifs et administratifs (discussions aux Chambres, ordonnances et arrêtés ministériels ou préfectoraux), mettent sur la même ligne les prescriptions et mesures à suivre contre le Phylloxera et le Doryphora.

Nous ne pouvons mieux faire que de suivre un exemple venu de si haut, et nos lecteurs approuveront sans doute l'insertion ici d'une lettre sur le Doryphora et sa poursuite, lettre que nous écrivions, fin 1878, à notre savant ami M. Baluffe, rédacteur en chef du journal *l'Hérault*.

MONSIEUR LE DIRECTEUR,

Vous me savez partisan convaincu de la conservation de la vigne française par les insecticides, au milieu desquels je place, avec non moins de conviction, mon *Antiphylloxérique reconstituant*.

Ce n'est qu'à ce titre de conservateur quand même que je viens encore vous parler des phylloxériculteurs de Montpellier et leur indiquer une nouvelle mine à exploiter, car si j'en crois ce que *j'entends*, il n'est plus temps déjà de dire *ce que je vois : les plants américains s'en vont.*

J'ai eu dernièrement la visite d'un de mes amis de nos départements frontières; il m'a conté les incroyables ravages du Doryphora dans les champs de pommes de terre d'outre-Rhin, et il n'était rien moins que rassuré sur l'immigration prochaine de ce nouvel ennemi dans nos départements limitrophes.

De Doryphora à Phylloxera, il n'y a pas loin, et la quasi-similitude des noms, comme la similitude d'origine, nous fit nous occuper de leurs déprédations.

Le Phylloxera, vous le savez, est surtout *gallicole* en Amérique, c'est-à-dire qu'il préfère les feuilles aux racines; il est devenu, chose toute naturelle, et qui déroute pourtant nos Docteurs de Montpellier, *radicicole* dès sa transplantation en Europe. On croit, et le Ministre de l'Agriculture a soin de signaler cette différence, que le Doryphora, n'attaquant que les parties vertes de la plante, sera facilement signalé et vaincu. Je veux le croire et l'espère, mais rien ne prouve qu'à l'instar de son camarade le Phylloxera, le Doryphora ne prenne goût, lui aussi, aux racines, aux tubercules eux-mêmes; et alors, qu'adviendra-t-il?

J'étais perplexe; mon ami me sortit vite d'embarras, en regardant le beau soleil qui nous inondait à ce moment. Mais, dit-il, il n'y a pas à se tracasser, le moyen est prompt et la guérison assurée : vous avez une École, non pas seulement de Viticulture, mais d'Agriculture, et un Conseil général qui compte plus d'avocats et de médecins que de propriétaires; vos Méridionaux ont l'esprit fécond et primesautier; l'invention du remède n'est qu'une question de latitude et de faconde.

La Solanée sauvage des montagnes Rocheuses vit, quand elle ne succombe pas, *sans doute, en certains terrains*, avec le Doryphora. Il est vrai que dès que les pionniers du Far-West sont arrivés dans le pays des *Yowais* avec leurs pommes de terre cultivées, le Doryphora, sans abandonner sa plante sauvage (tous les goûts sont dans la nature), s'est porté avec amour sur la plante cultivée, à ce point que tous les champs ont été dévastés.

Que pensez-vous qu'ont fait ces braves propriétaires, tous d'autant plus amoureux de leurs plantes que dans ces pays encore à demi sauvages, la pomme de terre représente l'appoint le plus essentiel de la subsistance? Ils ont couru sus à l'insecte, ils ont brûlé les fanes, chaulé, vitriolé, pétrolé le sol ; *ils ont employé tous les insecticides qu'ils ont pu se procurer*, et voyant d'où venait le mal, *ils ont détruit sans pitié les plants sauvages*, à ce point que, sur ces mêmes terrains autrefois dévastés, la pomme de terre étale à nouveau ses fleurs blanches et ses tubercules farineux.

Mais, vous le savez, c'est par le 60me degré de latitude nord que ceci se passait : on était chez les *têtes plates* et on n'avait pas encore laissé le Doryphora préférer le tubercule à la feuille; aucune Société d'Agriculture n'avait encore demandé des terrains plus vastes pour instituer ses Doryphoricières d'expérience ; dans ces territoires à peine organisés, aucun Conseil général n'avait encore demandé avec une ardeur plus verbeuse que compétente, l'intervention des ressources de l'Etat et des communes, et New-York n'avait pas eu le temps d'expédier ses savants, ses microscopes et ses appareils de dissection.

Si le Doryphora vient jamais à Montpellier, ce qu'à Dieu ne plaise, mais il ne faut jurer de rien, il se trouvera, soyez-en sûr, des docteurs et des industriels qui vous débarrasseront, vous et vos champs, de toutes pommes de terre. Pas d'insecticides, diront-ils ; ils coûtent trop cher, et leur emploi n'est pas en rapport avec le produit conservé; ils ne sont pas, du reste, reconnus par nous, et ne sortent pas de nos ateliers; nous allons aller chercher *au pays d'origine des plants résistants*, nous les marcotterons, nous les grefferons ; nous les sèmerons, nous les vendrons ; et si le Doryphora ne disparaît pas des plants sauvages, s'il met vite fin à vos plants cultivés, s'il contamine et infeste les pays qui ne le connaissaient pas, il nous laissera le temps de prouver, par l'écoulement avantageux de notre stock, que grande est la crédulité humaine, et que si bête que soit le Doryphora, il ne l'est pas encore à ce point de préférer les sucs amers, drastiques et astringents, des plants sauvages, à la sève lactescente, douce et amylacée des plants de haute culture.

Une seule objection embarrassait mon ami : — L'émission et la vente des tubercules sauvages laisseront-elles un bénéfice suffisant pour compenser la commission, le fret, les annonces et la mise en pépinière? Je n'ai pu que répondre : le Dory-phora est le Phylloxera du pauvre, et tondre les œufs est une science.

Bien à vous,

P^{re} SYLVESTRE.

6 octobre 1878.

FIN.

APPENDICE.

Cette brochure n'étant absolument écrite que pour préserver le propriétaire du découragement qui l'envahit, pour protester contre l'entraînement inconscient et moutonnier qui le porte vers les plants américains, il y aurait oubli coupable de notre part si, après avoir vu fonctionner l'ingénieux appareil de MM. Hembert et Mouillefert, nous ne mettions pas au premier rang des espérances à garder pour la conservation du vignoble français, les *sulfo-carbonates* dilués dans l'eau.

Nous avons fait connaître, dans diverses pages de cet Essai, notre sentiment sur les Insecticides, procédé certain, indéniable, disions-nous, pour la destruction de l'insecte, mais incomplet, en ce sens du moins, qu'il ne peut suffire à la reprise et à la reconstitution de la vigne.

M. Dumas avait si bien saisi ce défaut capital, qu'à l'insecticide *sulfure de carbone* il a joint la potasse comme élément de reconstitution ; il ne s'agissait plus que d'utiliser le produit dans des conditions sinon rémunératrices, du moins concordantes avec les résultats.

Le liquide insecticide (sulfo-carbonate), de composition instable, aussi dense que fugace, avait besoin d'une très-grande quantité d'eau pour être promptement dilué et absorbé par la terre, avant toute altération.

Après les coûteuses expériences de Mancey, la découverte de M. Dumas parut devoir être reléguée parmi les procédés purement scientifiques et de laboratoire. L'État, pas plus que les syndicats de propriétaires riches et aisés, ne pouvait et ne devait revenir à des essais réellement ruineux.

M. Mouillefert, professeur à l'École de Grignon, délégué de l'Académie, fier de la sympathie et de la confiance à lui témoignées par son illustre Maître, se mit en tête de résoudre le problème qui s'imposait : *l'eau à bon marché portée à pied d'œuvre*, c'est-à-dire au pied des souches. Aidé de son ami M. Félix Hembert, ingénieur à Paris, il est arrivé à pouvoir donner aux Propriétaires, pour un prix vraiment incroyable, l'eau indispensable à la réussite du procédé mis en avant par M. Dumas.

Il faut voir fonctionner : à Villeneuvette, chez M. Jules Maistre ; à la Provenquière, chez M. Teissonnière ; à Montpellier, chez M. Henri Marès, le merveilleux appareil imaginé par nos deux ingénieurs, pour apprécier les immenses services rendus à tout le Midi par l'application intelligente, pratique et économique de la Mécanique à l'Agriculture.

Nous ne pouvons évidemment nous occuper ici de l'appareil Hembert que dans ses applications à la Viticulture ; en donner la description pourrait paraître une réclame et une flatterie à l'adresse des Inventeurs : tel n'est par notre but. Que tous ceux qui s'intéressent au sort de l'agriculture méridionale prennent la peine de faire une des trois excursions que nous signalons plus haut, et ils reconnaîtront que notre émerveillement est sincère et doit être partagé par tous ceux qui tiennent à voir mettre un terme à des souffrances plus imméritées qu'on ne le pense.

L'appareil Mouillefert, limité par nous dans cette étude à la Viticulture, est appelé à redonner aux Propriétaires, tout espoir pour la conservation de leurs vignes ; et en supposant, ce à quoi nous sommes tenu de revenir, non par système, mais par conviction, à savoir : que les sulfo-carbonates, même avec leur supériorité de composition, ne suffisent point à la reconstitution du vignoble, il demeure certain qu'aujourd'hui, grâce à l'appareil dont nous parlons, il est facile de porter économiquement au pied des vignes l'eau utile, sinon indispensable, à la dilution des agents reconstituants.

Est-ce à dire que nous ne maintenons pas la supériorité et la plus-value de *notre procédé* sur le sulfo-carbonate, même dilué dans l'eau portée au pied des souches à un prix insignifiant, par l'appareil Mouillefert ? Ce serait tromper le propriétaire, nous abuser sciemment, nier le progrès, qui n'est que la résultante des efforts de ceux qui nous ont précédé ; et détruire en même temps et d'un seul coup toute la théorie qui nous a guidé dans les conseils par nous donnés aux cultivateurs.

Nous soutenons au contraire, avec toute l'ardeur, l'indépendance et la bonne foi d'une conviction profonde, que notre procédé a sur tous les autres et sur celui de M. Mouillefert lui-même, une supériorité qu'il conservera parce qu'il est plus complet, plus rationnel, qu'il satisfait plus entièrement aux exigences multiples de la vigne, qu'il correspond aux triples nécessités de la *guérison* : mort de l'insecte, reconstitution normale, salutaire et indéfinie des deux extrémités de l'axe du végétal.

Notre procédé a de plus cet avantage qu'il est plus *pratique*, plus économique, en ce sens qu'il n'exige ni eau, ni dilution préalable, ni appareils, si ingénieux et si réduits soient-ils ; mais, nous le disons hautement, toutes les fois que, soit par situation de terrain, soit par position de fortune, surtout dans nos vignes du Midi, l'eau pourra intervenir, n'hésitez pas à faire appel à M. Mouillefert, détruisez l'insecte par le sulfo-carbonate dilué, et comme point de comparaison mettez à côté, dans chaque rangée parallèle des souches, notre composition insecticide et reconstituante (500 grammes par pied) ; ajoutez-y de l'eau et jugez ensuite : vous trouverez encore que M. Mouillefert vous aura rendu grand service.

Nous n'aurions pas rempli le but que nous nous proposions en ajoutant cet Appendice, commandé par le désir et le devoir de ne rien laisser en oubli, si nous ne faisions savoir que, pour se tenir à la portée de tous, MM. Hembert et Mouillefert viennent de se mettre à la tête d'une vaste et puissante Société qui fournit en location tous appareils, qui traite même à forfait les terres confiées, et que de compte exact, pour le moment du moins, ainsi qu'il en doit être pour toutes inventions au début, le prix de l'hectare à traiter, fourniture de l'insecticide comprise, oscille entre 550 et 800 francs, pour les deux traitements jugés indispensables.

Reprenez-donc courage, Propriétaires : le Gouvernement s'émeut et viendra peu à peu à notre secours ; l'intervention néanmoins de l'État a des limites ; c'est à vous, à votre initiative, à votre énergique labeur qu'il faut s'adresser ; vous le voyez, et vous devez reconnaissance à ceux qui s'ingénient à inventer pour vous ; la Mécanique, la Science tout entière viennent à votre secours, et combinent pour vous leurs agents les plus subtils et leurs forces les plus actives. Vous ne plantez des plants américains que parce que cette plantation illusoire et décevante ne vous fait pas sortir de vos habitudes et de votre routine ; il est si bon de ne rien faire ? Laissez cet indolent *far niente* aux Poëtes, aux Orientaux ; ne vous laissez pas devancer par les Agriculteurs du Nord ; les Italiens vous montrent la voie : de l'eau, des canaux, des irrigations, des cultures variées, de la vigne partout, mais pas exclusivement ; la spécialisation des cultures a sa raison d'être, mais pas d'exclusivisme : vos terrains sont variés, accidentés. M. Mouillefert vous donne l'eau à quelques centimes le mètre cube ; profitez des études de nos Géologues, de nos savants, et vous referez de ces terres méridionales, si désolées aujourd'hui, le jardin et le cellier de la France.

R. Sylvestre.

www.ingramcontent.com/pod-product-compliance
Lightning Source LLC
Chambersburg PA
CBHW050529210326
41520CB00012B/2502